TABLES COMPARATIVES

ENTRE LE POIDS MÉTRIQUE & LE VOLUME

A TOUTES LES TEMPÉRATURES

DES LIQUIDES SPIRITUEUX

(Alcools, Vins, Cidres, Poirés, Bières, Hydromels, etc., etc.)

PAR

T. SOURBÉ

DEUXIÈME ÉDITION

CET OUVRAGE, APPROUVÉ PAR PLUSIEURS SAVANTS, A ÉTÉ HAUTEMENT RECOMMANDÉ A L'ADMINISTRATION DES CONTRIBUTIONS INDIRECTES, AU COMMERCE ET A LA PRODUCTION PAR QUATORZE ASSEMBLÉES DÉLIBÉRANTES : CONSEILS GÉNÉRAUX, CHAMBRES DE COMMERCE, SOCIÉTÉS D'AGRICULTURE, SOCIÉTÉS VINICOLES, ETC.

PRIX : 3 FRANCS

BORDEAUX
FERET ET FILS
Éditeurs
15, COURS DE L'INTENDANCE, 15

PARIS
G. MASSON
Éditeur
120, BOULEVARD SAINT-GERMAIN, 120

1879

TABLES COMPARATIVES

ENTRE LE POIDS MÉTRIQUE ET LE VOLUME

A TOUTES LES TEMPÉRATURES

DES LIQUIDES SPIRITUEUX

(ALCOOLS, VINS, CIDRES, POIRÉS, BIÈRES, HYDROMELS, ETC., ETC.

TABLES COMPARATIVES

ENTRE LE POIDS MÉTRIQUE & LE VOLUME

A TOUTES LES TEMPÉRATURES

DES LIQUIDES SPIRITUEUX

(Alcools, Vins, Cidres, Poirés, Bières, Hydromels, etc., etc.)

PAR

T. SOURBÉ

DEUXIÈME ÉDITION

CET OUVRAGE, APPROUVÉ PAR PLUSIEURS SAVANTS, A ÉTÉ HAUTEMENT RECOMMANDÉ A L'ADMINISTRATION DES CONTRIBUTIONS INDIRECTES, AU COMMERCE ET A LA PRODUCTION PAR QUATORZE ASSEMBLÉES DÉLIBÉRANTES : CONSEILS GÉNÉRAUX, CHAMBRES DE COMMERCE, SOCIÉTÉS D'AGRICULTURE, SOCIÉTÉS VINICOLES, ETC.

PRIX : 3 FRANCS

BORDEAUX
FERET ET FILS
Éditeurs
15, COURS DE L'INTENDANCE, 15

PARIS
G. MASSON
Éditeur
120, BOULEVARD SAINT-GERMAIN, 120

1879

Nous prévenons les contrefacteurs et débitants de contreaçons que nous les poursuivrons suivant toutes les rigueurs des lois.

Seront reputés contrefaits, tous les exemplaires ou extraits non revêtus de la signature de l'auteur

C. Jourzé

TABLES COMPARATIVES

ENTRE LE POIDS MÉTRIQUE & LE VOLUME

A TOUTES LES TEMPÉRATURES

DES LIQUIDES SPIRITUEUX

(Alcools, Vins, Cidres, Poirés, Bières, Hydromels, etc., etc.)

Instruction théorique et pratique.

I

Deux choses essentielles doivent être recherchées lorsqu'on veut établir la valeur exacte d'un liquide spiritueux. Ces deux choses essentielles, qui constituent les deux principaux éléments servant de base aux comptes de vente et d'achat, sont :

1° LA FORCE RÉELLE des liquides, qu'on désigne également sous le nom de RICHESSE ALCOOLIQUE ;

2° LE VOLUME RÉEL de ces mêmes liquides.

Il est très facile de déterminer la FORCE RÉELLE et le VOLUME RÉEL lorsque le liquide a une température de 15 degrés centigrades. Dans ce cas, toujours fort rare, l'alcoomètre centésimal indique LA FORCE RÉELLE ; le mesurage détermine LE VOLUME RÉEL.

Si, au contraire, la température du liquide se trouve au-dessus ou au-dessous de 15°, les indications de l'alcoomètre, de même que celles du mesurage, cessent d'être exactes : — l'alcoomètre n'indique plus, ici, qu'une FORCE APPARENTE, tandis que le mesurage ne détermine plus, de son côté, que le VOLUME APPARENT.

La chaleur et le froid altèrent donc en même temps les indications de l'alcoomètre et le volume des liquides spiritueux. Les variations qui résultent de ces deux causes réunies, dit Gay-Lussac, peuvent s'élever à plus de 12 p. 0/0 de la valeur des liquides spiritueux, de 0° à 30°, et il n'est pas permis d'en négliger la correction.

Dans la pratique, on recherche avec beaucoup de soin LA FORCE RÉELLE des liquides spiritueux, qu'on ne confond jamais avec LA FORCE APPARENTE; mais, chose assez singulière, il n'en est pas de même pour LE VOLUME : — on accepte toujours comme TRÈS RÉEL un volume qui n'est le plus souvent qu'APPARENT.

Gay-Lussac a bien donné des tables qui permettent, lorsqu'on connaît la température et le volume apparent d'un liquide, de déterminer son volume réel; mais, comme ces tables sont trouvées trop scientifiques par la généralité des praticiens, personne n'en fait usage, pas même l'Administration des contributions indirectes, qui se contente de rectifier les indications de l'alcoomètre, sans se préoccuper le moins du monde de faire subir une correction analogue au volume. Cette négligence, fort inexplicable dans un pays vinicole comme la France, entraîne à sa suite les plus graves erreurs. Ajoutons que ces erreurs sont d'autant plus fortes, que le volume apparent lui-même est toujours très mal déterminé par le mesurage.

Le pesage métrique des liquides spiritueux a précisément pour but d'apporter dans l'appréciation du volume des liquides une exactitude non moins rigoureuse que celle qu'on apporte à déterminer leur richesse alcoolique.

Cette exactitude à établir repose sur la distinction qu'on doit faire entre le VOLUME APPARENT et le VOLUME RÉEL. Cette distinction n'a certainement pas échappé à ceux qui se sont occupés d'appliquer le pesage métrique à l'alcoométrie, mais ils n'ont pas su en déduire les conséquences pratiques qui en résultaient; aussi, pour tourner la difficulté que présentaient les variations de volume, n'ont-ils imaginé rien de mieux que de proposer de substituer *la vente au poids à la vente au volume,* sans s'apercevoir que leur proposition était, comme nous le verrons bientôt, absolument inapplicable.

Le système que nous offrons au public se distingue précisément de tous les autres, sans exception, en ce que *le volume apparent* sert de facteur pour déterminer la contenance des fûts, tandis que *le volume réel* sert de base pour établir les comptes de vente et d'achat.

II

La chaleur dilate et le froid contracte tous les corps; aussi le volume des liquides spiritueux est-il essentiellement variable. C'est ce qui explique pourquoi il est nécessaire d'adopter une température unique pouvant servir de base aux transactions. Cette température est celle de 15°.

Comme nous l'avons déjà dit, le volume qu'ont les liquides à cette température est désigné sous le nom de « VOLUME RÉEL ».

Par opposition, on appelle « VOLUME APPARENT » le volume des liquides dont la température est au-dessus ou au-dessous de 15°.

Nous ne saurions trop le répéter, la distinction à faire

entre LE VOLUME APPARENT et LE VOLUME RÉEL est, en matière de pesage métrique des liquides, d'une importance considérable ; aussi, pour mettre notre travail à la portée de toutes les intelligences, surtout des ouvriers qui sont appelés à s'en servir, croyons-nous utile de bien établir cette différence par les deux exemples suivants :

1° Supposons que nous avons exactement versé, dans un dépotoir, un hectolitre d'alcool, à la température de 15°, ayant une richesse alcoolique de 50° : — l'alcoomètre plongé dans ce liquide marquera donc 50° ; le thermomètre accusera une température de 15°, et l'échelle du dépotoir, un volume d'un hectolitre.

D'autre part, si l'on n'a pas perdu de vue ce que nous avons dit précédemment, on comprendra que la température du liquide étant à 15°, l'alcoomètre, sans qu'il soit nécessaire de lui faire subir aucune correction, accusera LA FORCE RÉELLE, et l'échelle du dépotoir, LE VOLUME RÉEL.

Dans ces conditions, il sera très aisé de contrôler les indications du dépotoir avec la bascule. Il suffira, pour cela, de faire usage de tables de densité quelconques. Comme elles ont toutes été faites d'après le raisonné de celles de Gay-Lussac, elles donneront toutes, à des différences insignifiantes près, le même résultat ; c'est-à-dire la véritable densité, ou poids spécifique, qu'ont les liquides spiritueux aux divers degrés alcoométriques pris, de 0° à 100°, à la température de 15°.

Connaissant la densité d'un alcool, dont la force réelle est de 50° et la température de 15°, il devient facile, à l'aide de la bascule et d'une opération mathématique, de déterminer le volume. Dans l'espèce, ce volume sera évidemment d'un hectolitre, chiffre déjà accusé par le dépotoir.

2° Plaçons maintenant ce liquide, dont nous venons de déterminer le volume, dans un fût ayant une capacité de CENT UN LITRES. Puisque nous n'y mettons qu'un hectolitre de liquide, il y aura évidemment un litre de creux. Pour remplir ce creux, chauffons le liquide jusqu'à ce que le thermomètre arrive à 30°. A cette température, grâce à la dilatation, le creux sera, en effet, exactement rempli. D'autre part, si nous plongeons l'alcoomètre dans ce liquide, comme cet instrument s'enfonce davantage dans les liquides quand ils sont chauds que lorsqu'ils sont froids, il marquera, cette fois, non plus 50°, mais une richesse alcoolique de 56° environ (ce qui n'est pas exact, puisque nous savons que cette richesse, à la température de 15°, n'est que de 50°).

Malgré l'élévation de la température, le poids métrique du liquide restera évidemment le même; la densité et le volume auront seuls changé : aussi l'alcoomètre n'indiquera-t-il plus que LA FORCE APPARENTE (56°), et l'échelle du dépotoir, si nous lui restituons un instant le liquide, LE VOLUME APPARENT (101 LITRES), qui, cette fois, correspond exactement à la contenance du fût. D'où il suit, qu'en dehors de la température de 15°, c'est LE VOLUME APPARENT et non LE VOLUME RÉEL qui détermine la contenance des fûts pleins.

En résumé, — il résulte de ce qui précède que si la capacité d'une futaille demeure invariable, il n'en est pas de même du volume du contenu ; — en temps froid, par le fait de la contraction, le liquide qui remplissait cette capacité invariable ne la remplit plus à 10°, la remplit moins à 5°, encore moins à zéro glace, et ainsi de suite. Par contre, en temps chaud, par le fait de la dilatation, cette même capacité sera insuffisante à contenir à 20°, ou à une température plus haute, le liquide qu'elle logeait à 15°. Le volume apparent aura changé, le poids métrique restera le même. Aussi, dans l'exemple qui nous occupe, ne prendrons-nous plus la densité qui se rapporte aux alcools à 50° pour déterminer, à l'aide de la bascule, le volume de celui qui est dans le dépotoir; nous prendrons, au contraire, pour base de nos calculs, la densité même des alcools qui ont une richesse de 56°; c'est-à-dire la densité qui se rapporte ici à LA FORCE APPARENTE.

Essayons, du reste, de prouver que c'est bien la densité qui se rapporte aux alcools à 56° qui doit déterminer le volume du liquide que nous avons pris pour exemple, et dont LA FORCE RÉELLE n'est pourtant que de 50°.

Prenons, à cet effet, deux alcools, dans lesquels l'alcoomètre s'enfonce exactement, dans tous les deux, jusqu'à 56°; mais supposons que ces alcools aient, — l'un une température de 15° et l'autre une de 30°, il est évident que, dans ce cas, le premier de ces alcools aura une force réelle de 56° et l'autre simplement une de 50°. Nous dirons, néanmoins, que ces deux liquides spiritueux, au moment précis où nous faisons cette constatation, ont exactement la même densité, et que, dès lors, c'est bien à l'aide de la densité qui se rapporte aux alcools à 56° que nous devons déterminer le volume de chacun d'eux pour apprécier la contenance des fûts qui les contiennent: — On sait, en effet, que « TOUT CORPS » PLONGÉ DANS UN LIQUIDE PERD DE SON POIDS AUTANT QUE » LE POIDS DU VOLUME DE LIQUIDE QU'IL DÉPLACE. » Il suit de là que, si l'alcoomètre s'enfonce également dans deux liquides différents, quelle que puisse être du reste leur richesse alcoolique ou leur composition chimique, — ces deux liquides ont exactement la même densité. Dans l'espèce, la seule différence qu'il y ait dans les résultats consiste en ce que « la densité qui correspond à 56° donnera tout simplement LE VOLUME APPARENT du liquide qui a une température de 30°, tandis qu'il fournira LE VOLUME RÉEL de l'autre, qui se trouve aussi être en même temps SON VOLUME APPARENT. »

Il résulte encore de ce qui précède que lorsqu'on a à déterminer, à l'aide de la bascule et de la densité, la contenance de plusieurs fûts d'alcool, il faut faire un calcul spécial pour chaque fût, en le basant sur le degré également spécial au liquide qu'il contient, et se donner bien garde de prendre pour base le degré pris sur l'ensemble, car le degré peut varier d'une futaille à l'autre.

Tous ceux qui, avant nous, ont cherché à appliquer le pesage métrique à l'alcoométrie pour déterminer la contenance des fûts, ont échoué dans leurs tentatives parce qu'ils ont tous eu, sans exception, le tort grave d'établir leurs calculs en prenant toujours pour base la densité qui correspond à LA FORCE RÉELLE DE L'ENSEMBLE, au lieu de prendre celle qui correspond à LA FORCE APPARENTE de chacun des fûts pris isolément.

C'était là une erreur capitale, surtout dans un pays où les liquides se vendent d'après la contenance et non au poids; car, en ne donnant que le volume réel qu'auraient les liquides à la température de 15°, on négligeait d'indiquer le volume apparent qui, seul, correspond à la contenance même de la futaille; de telle sorte que celle-ci, dont la capacité demeure invariable, sauf le cas de force majeure, ne pouvait plus servir d'élément de vérification et justifier la sincérité de l'expéditeur. Cette fâcheuse négligence impliquait l'obligation onéreuse de renouveler l'opération de pesage et, par suite, celle de vider les fûts, à nouveau, à chaque changement de main de la marchandise. Aussi doit-on attribuer à cette erreur matérielle, dans laquelle sont tombés tous nos devanciers, la résistance que le commerce a longtemps opposée au système de pesage métrique appliqué à l'alcoométrie qui, tout en déterminant le volume réel des liquides, négligeait de donner la capacité du fût.

III

Il résulte des chapitres précédents que pour établir la facture d'un liquide spiritueux, dont la température est au-dessus ou au-dessous de 15°, on doit préalablement chercher cinq choses bien distinctes :

1° La température,
2° Le volume apparent,
3° Le volume réel,
4° La force apparente,
5° La force réelle.

1° On sait, par ce que nous avons déjà dit, le rôle important que joue la température dans la question qui nous occupe. Il est donc inutile d'insister à cet égard.

2° Quant au VOLUME APPARENT, il sert, comme nous l'avons également démontré, à déterminer la contenance des fûts. Nous rappellerons simplement qu'il s'obtient en basant les calculs auxquels il donne lieu sur la densité qui correspond à LA FORCE APPARENTE.

3° Si LE VOLUME RÉEL qu'aurait un liquide à la température de 15° n'est pas utile à connaître pour déterminer la contenance des futailles, il n'en est pas de même quand il s'agit d'établir le compte du vendeur et de l'acheteur, dont les transactions sont basées sur le volume idéal des liquides à la température de 15°. En dehors donc de la contenance du fût, il est important, pour établir les comptes, d'apprécier le plus ou moins de contraction ou de dilatation des liquides. Voilà pourquoi la recherche du *volume réel* ne doit pas être plus négligée que celle du *volume apparent*. (*On sait que pour rechercher* LE VOLUME RÉEL *on doit prendre, pour base des calculs*, la densité qui correspond A LA FORCE RÉELLE.)

4° La recherche de LA FORCE APPARENTE, comme il a été dit, est indispensable pour déterminer LE VOLUME APPARENT, c'est-à-dire la contenance des fûts. Nous rappellerons à cet égard qu'il est parfaitement inutile, pour chercher LA FORCE APPARENTE d'un alcool, de connaître sa température. Ce sont uniquement les indications de l'alcoomètre, prises en dehors de celles du thermomètre, dont on n'a à tenir nul compte dans ce cas spécial, qui indiquent LA FORCE APPARENTE.

5° Il n'en est pas de même pour LA FORCE RÉELLE qui, de même que *le volume réel*, sert de base aux transactions. Cette fois, pour apprécier *la force réelle*, il est indispensable de connaître *la température* et *la force apparente*. Ces deux termes connus permettent, à l'aide des tables de Gay-Lussac, de trouver le troisième terme, c'est-à-dire « LA FORCE RÉELLE », qui sert à son tour à établir le compte de vente et à indiquer la densité qu'on doit prendre pour déterminer LE VOLUME RÉEL.

De l'ensemble de ce qui précède, il se dégage la formule suivante qu'on ne devra jamais perdre de vue en matière de pesage métrique d'alcools : « 1° LE VOLUME RÉEL D'UN LIQUIDE, A LA TEMPÉRATURE DE 15°, CORRESPOND, SUR LES TABLES DE PESAGE, A SA FORCE RÉELLE ; 2° LE VOLUME APPA-

RENT CORRESPOND A LA FORCE APPARENTE; 3° LA CONTENANCE DU FUT CORRESPOND AU VOLUME APPARENT DU LIQUIDE QUI LE REMPLIT EXACTEMENT, DE TELLE SORTE QU'EN CONNAISSANT L'UN ON PEUT APPRÉCIER L'AUTRE. »

IV

Tous les auteurs qui, avant nous, ont traité la question qui fait l'objet de cette étude, ne se sont préoccupés que du pesage métrique des alcools. Le pesage n'était mis en pratique, par le commerce des liquides, en dehors des alcools, que d'une façon tout à fait empirique pour les vins communs, auxquels on attribuait à tort la densité de l'eau; de telle sorte qu'on comptait autant de litres de vin que de kilogrammes. Ceux qui ne partageaient pas cette erreur demeuraient tout au moins convaincus que, pour déterminer le volume des vins, cidres, hydromels, etc., d'une façon aussi rigoureusement exacte que celle des alcools, il devenait indispensable, en raison de la nature essentiellement variable de ces liquides, de construire, soit un densimètre, soit un volumètre spécial, dont les graduations correspondissent à des tables de densité dressées dans cet objet.

C'était là un travail considérable. Il a fait reculer les plus entreprenants. Il n'eût fait, du reste, que compliquer la question du pesage métrique appliquée à l'alcoométrie, en ce sens que de pareilles tables de densité et leur complément obligé, le densimètre ou le volumètre, ne pouvaient pas s'appliquer également aux alcools sans détruire l'harmonie de l'admirable système centésimal que nous devons à Gay-Lussac. Il eût donc fallu des tables pour les vins et des tables différentes pour les alcools, des densimètres ou volumètres pour les uns, et des densimètres ou volumètres différents pour les autres. Il n'y aurait plus eu d'unité dans les moyens. De là une complication difficile à faire entrer dans les usages.

Pour vaincre cette difficulté pratique, pour éviter des complications qui naissaient de la multiplicité même des tables de densité et des densimètres ou volumètres afférents à chaque nature de liquides, nous avons eu l'idée de faire usage d'un instrument, qui n'est ni un volumètre ni un densimètre; mais qui permet, toutefois, au point de vue *densimétrique*, de classer tous les liquides spiritueux dans l'échelle des densités qui se rapporte aux alcools. Cet instrument est l'alcoomètre centésimal de Gay-Lussac qui, lui, est passé dans les usages et se trouve dans toutes les mains. Dans cette nouvelle application, il ne détermine ni la richesse alcoolique, ni la densité, mais il sert admirablement à établir la classification *densimétrique* des liquides par rapport aux densités similaires qui sont afférentes aux alcools.

Nous avons donc demandé à l'alcoomètre de Gay-Lussac, et nous ne saurions trop insister sur ce point, non plus d'indiquer la richesse alcoolique des liquides, mais tout simplement les colonnes des tables de pesage qui correspondent au poids métrique des alcools à très bas titres; de telle sorte que les mêmes tables et les mêmes instruments pussent servir aussi bien aux alcools qu'aux autres liquides : vins, bières, poirés, hydromels, etc., etc., et généralement à tous les liquides d'une densité moindre que celle de l'eau distillée et supérieure à celle de l'alcool pur.

L'exactitude de cette nouvelle application de l'alcoomètre de Gay-Lussac ne saurait être contestée; car tous les liquides spiritueux du commerce sont moins denses que l'eau et plus lourds que l'alcool pur. Leurs différentes densités se trouvent donc comprises dans l'échelle des densités alcoométriques.

Par suite, si l'on n'a pas perdu de vue que la densité de deux liquides différents, quelle que puisse être d'ailleurs leur richesse alcoolique ou leur composition chimique, est égale chaque fois que l'alcoomètre, alternativement plongé dans les deux, marque le même degré, — il en résulte que l'alcoomètre de Gay-Lussac et les tables de pesage destinées aux alcools peuvent tout aussi bien servir pour déterminer, à l'aide de la bascule, le VOLUME APPARENT des autres liquides; en d'autres termes, la contenance des fûts qui les renferment.

Quant au VOLUME RÉEL, il n'est pas nécessaire d'en tenir compte pour les liquides à bas titres, par la raison bien simple que les effets de la contraction ou de la dilatation sont généralement insignifiants, et que les comptes de vente et d'achat ne s'appliquent plus ici à des liquides qui, sous un faible volume, représentent une grande valeur.

V

Il a été publié, jusqu'à ce jour, un grand nombre de tables de densité pour le pesage métrique des alcools. Toutes ont été dressées d'après le raisonné de celles de Gay-Lussac; aussi, toutes, dérivant des mêmes bases, donnent-elles à peu près les mêmes résultats scientifiques. Les écarts ne portant que sur des fractions de *dix-millièmes* ne sont jamais appréciables lorsqu'on veut déterminer la contenance des fûts. A ce dernier point de vue, elles sont donc toutes parfaites; car, en pareille matière, la précision idéale n'a rien à faire dans la pratique.

L'emploi de ces différentes tables, dont les plus remarquables ont été faites par Moroseau, n'est malheureusement pas à la portée de tout le monde; car il nécessite des opérations de calcul, relativement assez longues et assez compliquées, qui, sans être d'une difficulté extrême, exigent pourtant un certain degré d'instruction et une certaine habitude des chiffres, qu'on rencontre assez rarement chez les ouvriers appelés à faire les manipulations dans les chais.

Les tables de densité ont donc le tort d'être trop scientifiques pour que leur emploi puisse se généraliser dans les Entrepôts. Ajoutons que les calculs, qui ont pour principaux facteurs quatre chiffres décimaux représentant la densité et, souvent, des unités de mille représentant le poids, sont beaucoup trop longs pour être faits avec sûreté, même par un homme exercé, au milieu d'un mouvement d'atelier qui comporte des barriques qu'on roule, qu'on pèse, qu'on remplit ou qu'on vide, sans parler d'autres distractions qui, dans un chai, viennent à chaque instant troubler le calculateur. De pareils calculs, lorsqu'ils doivent se renouveler autant de fois qu'il y a de futailles à peser (*ce qui est indispensable*), ne peuvent se faire ailleurs que dans le silence du cabinet.

C'est pour mettre les opérations de pesage à la portée de tout le monde que nous avons cru utile de publier, non pas des tables de densité, mais une sorte de barême où on trouve des calculs tout faits; en d'autres termes, nous avons dressé, d'après le raisonné des tables de Gay-Lussac, des « TABLES COMPARATIVES ENTRE LE POIDS MÉTRIQUE ET LE VOLUME DES ALCOOLS A TOUTES LES TEMPÉRATURES ».

Ces tables ont un triple but :

1° Établir une comparaison entre le poids métrique des alcools et leur volume réel à la température de 15° centigrades ;

2° Établir une comparaison entre le poids métrique des alcools et le volume apparent qu'ils ont au moment où se fait l'opération ;

3° Conséquemment, établir, à l'aide du pesage métrique des alcools, la contenance des fûts qui les renferment.

Quelques exemples vont nous permettre de faire comprendre la manière de se servir de nos tables :

1° A quel volume correspondent 457 kilos 1/2 d'eau-de-vie dont le titre apparent, ou force réelle, est de 60°, et la température de 29° ? Pour s'en rendre compte, il est indispensable de connaître préalablement sa force réelle, autrement dit le titre, la richesse alcoolique qu'aurait ce liquide à la température de 15° centigrades. Les moyens employés dans le commerce pour arriver à ce résultat sont si usuels que nous nous dispenserons de les retracer. Nous nous bornerons donc à dire : « Du moment que l'éprouvette centigrade marque 60° et le thermomètre 29°, le titre réel de l'eau-de-vie est, d'après M. Gay-Lussac, de 55°. »

Cherchons maintenant sur les tables à quel volume correspondent 457 kilos 1/2 d'une eau-de-vie dont la richesse alcoolique est de 55° : la première colonne horizontale contient le degré alcoolique ; la première colonne verticale, le poids métrique du volume d'alcool qu'on veut exprimer en litres ; à la jonction de ces deux colonnes, on rencontre le volume correspondant au liquide dont la richesse est exprimée au haut d'une colonne et le poids métrique à la gauche de l'autre.

Cela dit, cherchons dans la première colonne verticale

le poids métrique 457 kilos 1/2, et, dans la première horizontale, le degré alcoolique 55°. Nous trouvons bien la colonne qui porte à son entête 55°, mais, dans la colonne verticale, nous ne trouvons pas les 457 kilos 1/2 que nous cherchons. Dès lors, pour tourner la difficulté, il faut décomposer ce chiffre en unités, dizaines et centaines. En regard de ces divers chiffres ainsi obtenus, nous placerons les divers volumes auxquels ils correspondent dans la colonne 55°; en les additionnant, le total exprimera exactement le volume représenté par les 457 kilos 1/2 d'eau-de-vie, qui est de 494 litres 68 centilitres. En un mot, on doit opérer comme suit :

POIDS EN KILOS.	VOLUME EN LITRES et en centilitres.	
400 »	432	52
50 »	54	06
7 »	7	56
1/2	»	54
457 1/2	494	68

Ainsi donc, une eau-de-vie pesant 457 kilos 1/2, dans laquelle l'alcoomètre plonge jusqu'à 60° et le thermomètre marque 29°, a une force réelle de 55° et, par suite, si la température était ramenée à 15°, aurait un volume exprimé par 494 litres 68 centilitres.

2° Voyons maintenant quel est le volume apparent de cette même quantité d'eau-de-vie à la température actuelle de 29°. Pour cela, nous n'avons plus à nous occuper que de son titre apparent qui, nous l'avons dit, est de 60°. De même que précédemment, nous placerons, en regard du poids métrique (457 kilos 1/2), le volume qui correspond à ce chiffre dans la colonne 60°; en opérant comme nous l'avons déjà fait, nous trouvons que, dans ce dernier cas, 457 kilos 1/2 correspondent à 500 litres 44 centilitres. Différence de volume avec celui que nous avons trouvé dans la première opération : 5 litres 76 centilitres, qui proviennent de la dilatation du liquide au-dessus de 15°.

Il résulte des deux calculs auxquels nous venons de nous livrer, en recherchant à quel volume correspondent 457 kilos 1/2 d'eau-de-vie, d'abord dans la colonne 55°, exprimant la force réelle du liquide, ensuite dans la colonne 60°, exprimant la force apparente, que le volume réel, à la température de 15°, serait de 494 litres 68 centilitres, quoique, en réalité, au moment de l'opération, ce volume se trouve plus fort de 5 litres 76, provenant de la dilatation, ce qui élève le volume apparent à 500 litres 44 centilitres.

3° Quelle serait la contenance du fût qui renferme ce liquide, s'il se trouvait exactement plein au moment de l'opération que nous venons de faire? Elle serait évidemment égale au volume apparent du liquide, qui, comme nous l'avons vu, est de 500 litres 44.

En résumé : 1° le volume réel d'un liquide, à la température de 15°, correspond, sur nos tables, à sa force réelle; 2° le volume apparent correspond à la force apparente; 3° la contenance du fût correspond au volume apparent de liquide qui le remplit exactement, de telle sorte qu'en connaissant l'un on peut apprécier l'autre.

[*Il demeure bien entendu que, dans les opérations qui précèdent, il est indispensable de vider la futaille si l'on n'a pas pris la précaution préalable de la peser avant de la remplir. Il est indispensable, en effet, pour connaître le poids métrique du liquide, de retrancher du poids total (fût et liquide) celui de la tare; en d'autres termes, celui du fût.*]

VI

Il ne suffit pas de reconnaître, à l'aide du pesage métrique, le volume réel des liquides spiritueux. Une fois que la richesse alcoolique et la contenance du fût qui le renferme sont connues, il faut pouvoir, à tout instant et sans renouveler l'opération du pesage, se rendre compte de la contraction ou de la dilatation que la température a fait subir au liquide. Pour établir cette constatation, l'usage du thermomètre et des tables que nous publions sous le titre de : *Tables de correction du volume,* suffit.

La première colonne horizontale de ces tables contient les degrés qui correspondent à la force réelle du liquide; tandis que sa température se trouve inscrite dans la première colonne verticale; à la jonction de ces deux colonnes se trouve inscrit le nombre de litres et centilitres qu'il faut retrancher ou ajouter, pour 100, à la contenance du fût, bien entendu dans l'hypothèse où ce dernier sera plein au moment de la constatation.

Prenons pour exemple le fût dont il a été déjà question et qui contient, comme nous l'avons vu, de l'eau-de-vie dont la *force réelle* est de 55°; nous savons, en outre, que la température du liquide est à 29°, et que la contenance du fût est de 500 litres 44 centilitres. Si maintenant nous nous en allons à la jonction des colonnes horizontales et verticales qui portent à leur extrémité, l'une 29° de température, et l'autre 55° de force réelle, nous trouvons que, pour connaître le volume qu'aurait l'eau-de-vie, à la température de 15°, il faut retrancher 1,10 pour 100 de la contenance du fût (500 litres 44 centilitres), ce qui ramène le volume à 494 litres 94 centilitres, puisque nous trouvons 5 litres 50 centilitres de dilatation à retrancher :

$$100 : 1,10 : : 500,44 : x = \frac{1,10 \times 500,44}{100} = 5,50.$$

Poids	à 0°	à 1°	à 2°	à 3°	à 4°	à 5°	à 6°	à 7°
kilog.	L. C.	L. C.	L. C.	L. C.	L. C.	L. C.	L. C.	L. C.
1000	1000. »	1001.50	1003. »	1004.41	1005.83	1007.25	1008.57	1009.89
900	900. »	901.35	902.70	903.96	905.24	906.52	907.71	908.90
800	800. »	801.20	802.40	803.52	804.66	805.80	806.85	807.91
700	700. »	701.05	702.10	703.08	704.08	705.07	706. »	706.92
600	600. »	600.90	601.80	602.64	603.49	604.35	605.14	605.93
500	500. »	500.75	501.50	502.20	502.91	503.62	504.28	504.94
400	400. »	400.60	401.20	401.76	402.33	402.90	403.42	403.95
300	300. »	300.45	300.90	301.32	301.74	302.17	302.57	302.96
200	200. »	200.30	200.60	200.88	201.16	201.45	201.71	201.97
100	100. »	100.15	100.30	100.44	100.58	100.72	100.85	100.98
90	90. »	90.13	90.27	90.39	90.52	90.65	90.77	90.89
80	80. »	80.12	80.24	80.35	80.46	80.58	80.68	80.79
70	70. »	70.10	70.21	70.30	70.40	70.50	70.60	70.69
60	60. »	60.09	60.18	60.26	60.34	60.43	60.51	60.59
50	50. »	50.07	50.15	50.22	50.29	50.36	50.42	50.49
40	40. »	40.06	40.12	40.17	40.23	40.29	40.34	40.39
30	30. »	30.04	30.09	30.13	30.17	30.21	30.25	30.29
20	20. »	20.03	20.06	20.08	20.11	20.14	20.17	20.19
10	10. »	10.01	10.03	10.04	10.05	10.07	10.08	10.09
9	9. »	9.01	9.02	9.03	9.05	9.06	9.07	9.08
8	8. »	8.01	8.02	8.03	8.04	8.05	8.06	8.07
7	7. »	7.01	7.02	7.03	7.04	7.05	7.06	7.06
6	6. »	6. »	6.01	6.02	6.03	6.04	6.05	6.05
5	5. »	5. »	5.01	5.02	5.02	5.03	5.04	5.04
4	4. »	4. »	4.01	4.01	4.02	4.02	4.03	4.03
3	3. »	3. »	3. »	3.01	3.01	3.02	3.02	3.02
2	2. »	2. »	2. »	2. »	2.01	2.01	2.01	2.01
1	1. »	1. »	1. »	1. »	1. »	1. »	1. »	1. »
1/2	0.50	0.50	0.50	0.50	0.50	0.50	0.50	0.50

Poids	à 8°	à 9°	à 10°	à 11°	à 12°	à 13°	à 14°	à 15°
kilog.	L. C.	L. C.	L. C.	L. C.	L. C.	L. C.	L. C.	L. C.
1000	1011.12	1012.35	1013.58	1014.71	1015.84	1016.98	1018.12	1019.16
900	910. »	911.11	912.22	913.23	914.25	915.28	916.30	917.24
800	808.89	809.88	810.86	811.76	812.67	813.58	814.49	815.32
700	707.78	708.64	709.50	710.29	711.08	711.88	712.68	713.41
600	606.67	607.41	608.14	608.82	609.50	610.18	610.87	611.49
500	505.56	506.17	506.79	507.35	507.92	508.49	509.06	509.58
400	404.44	404.94	405.43	405.88	406.33	406.79	407.24	407.66
300	303.33	303.70	304.07	304.41	304.75	305.09	305.43	305.74
200	202.22	202.47	202.71	202.94	203.16	203.39	203.62	203.83
100	101.11	101.23	101.35	101.47	101.58	101.69	101.81	101.91
90	91. »	91.10	91.22	91.32	91.42	91.52	91.63	91.72
80	80.88	80.98	81.08	81.17	81.26	81.35	81.44	81.53
70	70.77	70.86	70.95	71.02	71.10	71.18	71.26	71.34
60	60.66	60.74	60.81	60.88	60.95	61.01	61.08	61.14
50	50.55	50.61	50.67	50.73	50.79	50.84	50.90	50.95
40	40.44	40.49	40.54	40.58	40.63	40.67	40.72	40.76
30	30.33	30.37	30.40	30.44	30.47	30.50	30.54	30.57
20	20.22	20.24	20.27	20.29	20.31	20.33	20.36	20.38
10	10.11	10.12	10.13	10.14	10.15	10.16	10.18	10.19
9	9.10	9.11	9.12	9.13	9.14	9.15	9.16	9.17
8	8.08	8.09	8.10	8.11	8.12	8.13	8.14	8.15
7	7.07	7.08	7.09	7.10	7.11	7.11	7.12	7.13
6	6.06	6.07	6.08	6.08	6.09	6.10	6.10	6.11
5	5.05	5.06	5.06	5.07	5.07	5.08	5.09	5.09
4	4.04	4.04	4.05	4.05	4.06	4.06	4.07	4.07
3	3.03	3.03	3.04	3.04	3.04	3.05	3.05	3.05
2	2.02	2.02	2.02	2.02	2.03	2.03	2.03	2.03
1	1.01	1.01	1.01	1.01	1.01	1.01	1.01	1.01
1/2	0.50	0.50	0.50	0.50	0.50	0.50	0.50	0.50

Poids	à 16°	à 17°	à 18°	à 19°	à 20°	à 21°	à 22°	à 23°
kilog.	L. C.	L. C.	L. C.	L. C.	L. C.	L. C.	L. C.	L. C.
1000	1020.19	1021.23	1022.28	1023.22	1024.17	1025.22	1026.27	1027.32
900	918.17	919.10	920.05	920.89	921.75	922.69	923.64	924.58
800	816.15	816.98	817.82	818.57	819.33	820.17	821.01	821.85
700	714.13	714.86	715.59	716.25	716.91	717.65	718.38	719.12
600	612.11	612.73	613.36	613.93	614.50	615.13	615.76	616.39
500	510.09	510.61	511.14	511.61	512.08	512.61	513.13	513.66
400	408.07	408.49	408.91	409.28	409.66	410.08	410.50	410.92
300	306.05	306.36	306.68	306.96	307.25	307.56	307.88	308.19
200	204.03	204.24	204.45	204.64	204 83	205.04	205.25	205.46
100	102.01	102.12	102.22	102.32	102.41	102.52	102.62	102.73
90	91.81	91.91	92. »	92.08	92.17	92.26	92.36	92.45
80	81.61	81.69	81.78	81.85	81.93	82.01	82.10	82.18
70	71.41	71.48	71.55	71.62	71.69	71.76	71.83	71.91
60	61.21	61.27	61.33	61.39	61.45	61.51	61.57	61.63
50	51. »	51.06	51.11	51.16	51.20	51.26	51.31	51.36
40	40.80	40.84	40.89	40.92	40.96	41. »	41.05	41.09
30	30.60	30.63	30.66	30.69	30.72	30.75	30.78	30.81
20	20.40	20.42	20.44	20.46	20.48	20.50	20.52	20.54
10	10.20	10.21	10.22	10.23	10.24	10.25	10.26	10.27
9	9.18	9.19	9.20	9.20	9.21	9.22	9.23	9.24
8	8.16	8.16	8.17	8.18	8.19	8.20	8.21	8.21
7	7.14	7.14	7.15	7.16	7.16	7.17	7.18	7.19
6	6.12	6.12	6.13	6.13	6.14	6.15	6.15	6.16
5	5.10	5.10	5.11	5.11	5.12	5.12	5.13	5.13
4	4.08	4.08	4.08	4.09	4.09	4.10	4.10	4.10
3	3.06	3.06	3.06	3.06	3.07	3.07	3.07	3.08
2	2.04	2.04	2.04	2.04	2.04	2.05	2.05	2.05
1	1.02	1.02	1.02	1.02	1.02	1.02	1.02	1.02
1/2	0.51	0.51	0.51	0.51	0.51	0.51	0.51	0.51

Poids	à **24°**	à **25°**	à **26°**	à **27°**	à **28°**	à **28° 1/2**	à **29°**	à **29° 1/2**
kilog.	L. C.	L. C.	L. C.	L. C.	L. C.	L. C.	L. C.	L. C.
1000	1028.38	1029.54	1030.71	1031.88	1033.05	1033.64	1034.23	1034.87
900	925.54	926.58	927.63	928.69	929.74	930.27	930.80	931.38
800	822.70	823.63	824.56	825.50	826.44	826.91	827.38	827.89
700	719.86	720.67	721.49	722.31	723.13	723.54	723.96	724.40
600	617.02	617.72	618.42	619.12	619.83	620.18	620.53	620.92
500	514.19	514.77	515.35	515.94	516.52	516.82	517.11	517.43
400	411.35	411.81	412.28	412.75	413.22	413.45	413.69	413.94
300	308.51	308.86	309.21	309.56	309.91	310.09	310.26	310.46
200	205.67	205.90	206.14	206.37	206.61	206.72	206.84	206.97
100	102.83	102.95	103.07	103.18	103.30	103.36	103.42	103.48
90	92.55	92.65	92.76	92.86	92.97	93.02	93.08	93.13
80	82.27	82.36	82.45	82.55	82.64	82.69	82.73	82.78
70	71.98	72.06	72.14	72.23	72.31	72.35	72.39	72.44
60	61.70	61.77	61.84	61.91	61.98	62.01	62.05	62.09
50	51.41	51.47	51.53	51.59	51.65	51.68	51.71	51.74
40	41.13	41.18	41.22	41.27	41.32	41.34	41.36	41.39
30	30.85	30.88	30.92	30.95	30.99	31. »	31.02	31.04
20	20.56	20.59	20.61	20.63	20.66	20.67	20.68	20.69
10	10.28	10.29	10.30	10.31	10.33	10.33	10.34	10.34
9	9.25	9.26	9.27	9.28	9.29	9.30	9.30	9.31
8	8.22	8.23	8.24	8.25	8.26	8.26	8.27	8.27
7	7.19	7.20	7.21	7.22	7.23	7.23	7.23	7.24
6	6.17	6.17	6.18	6.19	6.19	6.20	6.20	6.20
5	5.14	5.14	5.15	5.15	5.16	5.16	5.17	5.17
4	4.11	4.11	4.12	4.12	4.13	4.13	4.13	4.13
3	3.08	3.08	3.09	3.09	3.09	3.10	3.10	3.10
2	2.05	2.05	2.06	2.06	2.06	2.06	2.06	2.06
1	1.02	1.02	1.03	1.03	1.03	1.03	1.03	1.03
1/2	0.51	0.51	0.51	0.51	0.51	0.51	0.51	0.51

Poids	à 30°	à 30° 1/2	à 31°	à 31° 1/2	à 32°	à 32° 1/2	à 33°	à 33° 1/2
kilog.	L. C.	L. C.	L. C.	L. C.	L. C.	L. C.	L. C.	L. C.
1000	1035.51	1036.15	1036.80	1037.44	1038.09	1038.78	1039.38	1040.08
900	931.95	932.49	933.12	933.66	934.20	934.83	935.37	936. »
800	828.40	828.88	829.44	829.92	830.40	830.96	831.44	832. »
700	724.85	725.27	725.76	726.18	726.60	727.09	727.51	728. »
600	621.30	621.66	622.08	622.44	622.80	623.22	623.58	624. »
500	517.75	518.05	518.40	518.70	519. »	519.35	519.65	520 »
400	414.20	414.44	414.72	414.96	415.20	415.48	415.72	416. »
300	310.65	310.83	311.04	311.22	311.40	311.61	311.79	312. »
200	207.10	207.22	207.36	207.48	207.60	207.74	207.86	208. »
100	103.55	103.61	103.68	103.74	103.80	103.87	103.93	104. »
90	93.19	93.24	93.31	93.36	93.42	93.48	93.53	93.60
80	82.84	82.88	82.94	82.99	83.04	83.09	83.14	83.20
70	72.48	72.52	72.57	72.61	72.66	72.70	72.75	72.80
60	62.13	62.16	62.20	62.24	62.28	62.32	62.35	62.40
50	51.77	51.80	51.84	51.87	51.90	51.93	51.96	52. »
40	41.42	41.44	41.47	41.49	41.52	41.54	41.57	41.60
30	31.06	31.08	31.10	31.12	31.14	31.16	31.17	31.20
20	20.71	20.72	20.73	20.74	20.76	20.77	20.78	20.80
10	10.35	10.36	10.36	10.37	10.38	10.38	10.39	10.40
9	9.31	9.32	9.33	9.33	9.34	9.34	9.35	9.36
8	8.28	8.28	8.29	8.29	8.30	8.30	8.31	8.32
7	7.24	7.25	7.25	7.26	7.26	7.27	7.27	7.28
6	6.21	6.21	6.22	6.22	6.22	6.23	6.23	6.24
5	5.17	5.18	5.18	5.18	5.19	5.19	5.19	5.20
4	4.14	4.14	4.14	4.14	4.15	4.15	4.15	4.16
3	3.10	3.10	3.11	3.11	3.11	3.11	3.11	3.12
2	2.07	2.07	2.07	2.07	2.07	2.07	2.07	2.08
1	1.03	1.03	1.03	1.03	1.03	1.03	1.03	1.04
1/2	0.51	0.51	0.51	0.51	0.51	0.51	0.51	0.52

Poids	à 34°	à 34° 1/2	à 35°	à 35° 1/2	à 36°	à 36° 1/2	à 37°	à 37° 1/2
kilog.	L. C.	L. C.	L. C.	L. C.	L. C.	L. C.	L. C.	L. C.
1000	1040.79	1041.35	1042.20	1042.90	1043.62	1044.38	1045.15	1045.92
900	936.63	937.17	937.98	938.61	939.24	939.87	940.59	941.31
800	832.56	833.04	833.76	834.32	834.88	835.44	836.08	836.72
700	728.49	728.91	729.54	730.03	730.52	731.01	731.57	732.13
600	624.42	624.78	625.32	625.74	626.16	626.58	627.06	627.54
500	520.35	520.65	521.10	521.45	521.80	522.15	522.55	522.95
400	416.28	416.52	416.88	417.16	417.44	417.72	418.04	418.36
300	312.21	312.39	312.66	312.87	313.08	313.29	313.53	313.77
200	208.14	208.26	208.44	208.58	208.72	208.86	209.02	209.18
100	104.07	104.13	104.22	104.29	104.36	104.43	104.51	104.59
90	93.66	93.71	93.79	93.86	93.92	93.98	94.05	94.13
80	83.25	83.30	83.37	83.43	83.48	83.54	83.60	83.67
70	72.84	72.89	72.95	73. »	73.05	73.10	73.15	73.21
60	62.44	62.47	62.53	62.57	62.61	62.65	62.70	62.75
50	52.03	52.06	52.11	52.14	52.18	52.21	52.25	52.29
40	41.62	41.65	41.68	41.71	41.74	41.77	41.80	41.83
30	31.22	31.23	31.26	31.28	31.30	31.32	31.35	31.37
20	20.81	20.82	20.84	20.85	20.87	20.88	20.90	20.91
10	10.40	10.41	10.42	10.42	10.43	10.44	10.45	10.45
9	9.36	9.37	9.37	9.38	9.39	9.39	9.40	9.41
8	8.32	8.33	8.33	8.34	8.34	8.35	8.36	8.36
7	7.28	7.28	7.29	7.30	7.30	7.31	7.31	7.32
6	6.24	6.24	6.25	6.25	6.26	6.26	6.27	6.27
5	5.20	5.20	5.21	5.21	5.21	5.22	5.22	5.22
4	4.16	4.16	4.16	4.17	4.17	4.17	4.18	4.18
3	3.12	3.12	3.12	3.12	3.13	3.13	3.13	3.13
2	2.08	2.08	2.08	2.08	2.08	2.08	2.09	2.09
1	1.04	1.04	1.04	1.04	1.04	1.04	1.04	1.04
1/2	0.52	0.52	0.52	0.52	0.52	0.52	0.52	0.52

Poids	à 38°	à 38° 1/2	à 39°	à 39° 1/2	à 40°	à 40° 1/2	à 41°	à 41° 1/2
kilog.	L. C.	L. C.	L. C.	L. C.	L. C.	L. C.	L. C.	L. C.
1000	1046.69	1047.50	1048.32	1049.19	1049.97	1050.84	1051.74	1052.62
900	941.94	942.75	943.47	944.19	944.91	945.72	946.53	947.34
800	837.28	838. »	838.64	839.28	839.92	840.64	841.36	842.08
700	732.62	733.25	733.81	734.37	734.93	735.56	736.19	736.82
600	627.96	628.50	628.98	629.46	629.94	630.48	631.02	631.56
500	523.30	523.75	524.15	524.55	524.95	525.40	525.85	526.30
400	418.64	419. »	419.32	419.64	419.96	420.32	420.68	421.04
300	313.98	314.25	314.49	314.73	314.97	315.24	315.51	315.78
200	209.32	209.50	209.66	209.82	209.98	210.16	210.34	210.52
100	104.66	104.75	104.83	104.91	104.99	105.08	105.17	105.26
90	94.19	94.27	94.34	94.41	94.49	94.57	94.65	94.73
80	83.72	83.80	83.86	83.92	83.99	84.06	84.13	84.20
70	73.26	73.32	73.38	73.43	73.49	73.55	73.61	73.68
60	62.79	62.85	62.89	62.94	62.99	63.04	63.10	63.15
50	52.33	52.37	52.41	52.45	52.49	52.54	52.58	52.63
40	41.86	41.90	41.93	41.96	41.99	42.03	42.06	42.10
30	31.39	31.42	31.44	31.47	31.49	31.52	31.55	31.57
20	20.93	20.95	20.96	20.98	20.99	21.01	21.03	21.05
10	10.46	10.47	10.48	10.49	10.49	10.50	10.51	10.52
9	9.41	9.42	9.43	9.44	9.44	9.45	9.46	9.47
8	8.37	8.38	8.38	8.39	8.39	8.40	8.41	8.42
7	7.32	7.33	7.33	7.34	7.34	7.35	7.36	7.36
6	6.27	6.28	6.28	6.29	6.29	6.30	6.31	6.31
5	5.23	5.23	5.24	5.24	5.24	5.25	5.25	5.26
4	4.18	4.19	4.19	4.19	4.19	4.20	4.20	4.21
3	3.13	3.14	3.14	3.14	3.14	3.15	3.15	3.15
2	2.09	2.09	2.09	2.09	2.09	2.10	2.10	2.10
1	1.04	1.04	1.04	1.04	1.04	1.05	1.05	1.05
1/2	0.52	0.52	0.52	0.52	0.52	0.52	0.52	0.52

Poids	à 42°	à 42° 1/2	à 43°	à 43° 1/2	à 44°	à 44° 1/2	à 45°	à 45° 1/2
kilog.	L. C.	L. C.	L. C.	L. C.	L. C.	L. C.	L. C.	L. C.
1000	1053.51	1054.65	1055.40	1056.35	1057.30	1058.25	1059.20	1060.15
900	948.15	949.14	949.86	950.67	951.67	952.38	953.28	954.09
800	842.80	843.68	844.32	845.04	845.84	846.56	847.36	848.08
700	737.45	738.22	738.78	739.41	740.11	740.74	741.44	742.07
600	632.10	632.76	633.24	633.78	634.38	634.92	635.52	636.06
500	526.75	527.30	527.70	528.15	528.65	529.10	529 60	530.05
400	421.40	421.84	422.16	422.52	422.92	423.28	423.68	424.04
300	316.05	316.38	316.62	316.89	317.19	317.46	317.76	318.03
200	210.70	210.92	211.08	211.26	211.46	211.64	211.84	212.02
100	105.35	105.46	105 54	105.63	105.73	105.82	105.92	106.01
90	94.81	94.91	94.98	95.06	95.16	95.23	95.32	95.40
80	84.28	84.36	84.43	84.50	84.58	84.65	84.73	84.80
70	73.74	73.82	73.87	73.94	74.01	74.07	74.14	74.20
60	63.21	63.27	63.32	63.37	63.43	63.49	63.55	63.60
50	52.67	52.73	52.77	52.81	52.86	52.91	52.96	53. »
40	42.14	42.18	42.21	42.25	42.29	42.32	42.36	42.40
30	31.60	31.63	31.66	31.68	31.71	31.74	31.77	31.80
20	21.07	21.09	21.10	21.12	21.14	21.16	21.18	21.20
10	10.53	10.54	10.55	10.56	10.57	10.58	10.59	10.60
9	9.48	9.49	9.49	9.50	9.51	9.52	9.53	9.54
8	8.42	8.43	8.44	8.45	8.45	8.46	8.47	8.48
7	7.37	7.38	7.38	7.39	7.40	7.40	7.41	7.42
6	6.32	6.32	6.33	6.33	6.34	6.34	6.35	6.36
5	5.26	5.27	5.27	5.28	5.28	5.29	5.29	5.30
4	4.21	4.21	4.22	4.22	4.22	4.23	4.23	4.24
3	3.16	3.16	3.16	3.16	3.17	3.17	3.17	3.18
2	2.10	2.10	2.11	2.11	2.11	2.11	2.11	2 12
1	1.05	1.05	1.05	1.05	1.05	1.05	1.05	1.06
1/2	0.52	0.52	0.52	0.52	0.52	0.52	0.52	0.53

Poids	à 46°	à 46° 1/2	à 47°	à 47° 1/2	à 48°	à 48° 1/2	à 49°	à 49° 1/2
kilog.	L. C.	L. C.	L. C.	L. C.	L. C.	L. C.	L. C.	L. C.
1000	1061.10	1062.68	1063.26	1064.83	1065.41	1066.99	1067.57	1069.15
900	954.99	956.34	956.88	958.32	958.86	960.21	960.75	962.19
800	848.88	850.08	850.56	851.84	852.32	853.52	854. »	855.28
700	742.77	743.82	744.24	745.36	745.78	746.83	747.25	748.37
600	636.66	637.56	637.92	638.88	639.24	640.14	640.50	641.46
500	530.55	531.30	531.60	532.40	532.70	533.45	533.75	534.55
400	424.44	425.04	425.28	425.92	426.16	426.76	427. »	427.64
300	318.33	318.78	318.96	319.44	319.62	320.07	320.25	320.73
200	212.22	212.52	212.64	212.96	213.08	213.38	213.50	213.82
100	106.11	106.26	106.32	106.48	106.54	106.69	106.75	106.91
90	95.49	95.63	95.68	95.83	95.88	96.02	96.07	96.21
80	84.88	85. »	85.05	85.18	85.23	85.35	85.40	85.52
70	74.27	74.38	74.42	74.53	74.57	74.68	74.72	74.83
60	63.66	63.75	63.79	63.88	63.92	64.01	64.05	64.14
50	53.05	53.13	53.16	53.24	53.27	53.34	53.37	53.45
40	42.44	42.50	42.52	42.59	42.61	42.67	42.70	42.76
30	31.83	31.87	31.89	31.94	31.96	32. »	32.02	32.07
20	21.22	21.25	21.26	21.29	21.30	21.33	21.35	21.38
10	10.61	10.62	10.63	10.64	10.65	10.66	10.67	10.69
9	9.54	9.56	9.56	9.58	9.58	9.60	9.60	9.62
8	8.48	8.50	8.50	8.51	8.52	8.53	8.54	8.55
7	7.42	7.43	7.44	7.45	7.45	7.46	7.47	7.48
6	6.36	6.37	6.37	6.38	6.39	6.40	6.40	6.41
5	5.30	5.31	5.31	5.32	5.32	5.33	5.33	5.34
4	4.24	4.25	4.25	4.25	4.26	4.26	4.27	4.27
3	3.18	3.18	3.18	3.19	3.19	3.20	3.20	3.20
2	2.12	2.12	2.12	2.12	2.13	2.13	2.13	2.13
1	1.06	1.06	1.06	1.06	1.06	1.06	1.06	1.06
1/2	0.53	0.53	0.53	0.53	0.53	0.53	0.53	0.53

Poids	à 50°	à 50° 1/2	à 51°	à 51° 1/2	à 52°	à 52° 1/2	à 53°	à 53° 1/2
kilog.	L. C.	L. C.	L. C.	L. C.	L. C.	L. C.	L. C.	L. C.
1000	1069.70	1070. »	1071.74	1072.98	1074.22	1075.38	1076.54	1077.70
900	962.73	963. »	964.53	965.61	966.78	967.77	968.85	969.93
800	855.76	856. »	857.36	858.32	859.36	860.24	861.20	862.16
700	748.79	749. »	750.19	751.03	751.94	752.71	753.55	754.39
600	641.82	642. »	643.02	643.74	644.52	645.18	645.90	646.62
500	534.85	535. »	535.85	536.45	537.10	537.65	538.25	538.85
400	427.88	428. »	428.68	429.16	429.68	430.12	430.60	431.08
300	320.91	321. »	321.51	321.87	322.26	322.59	322.95	323.31
200	213.94	214. »	214.34	214.58	214.84	215.06	215.30	215.54
100	106.97	107. »	107.17	107.29	107.42	107.53	107.65	107.77
90	96.27	96.30	96.45	96.56	96.67	96.77	96.88	96.99
80	85.57	85.60	85.73	85.83	85.93	86.02	86.12	86.21
70	74.87	74.90	75.01	75.10	75.19	75.27	75.35	75.43
60	64.18	64.20	64.30	64.37	64.45	64.51	64.59	64.66
50	53.48	53.50	53.58	53.64	53.71	53.76	53.82	53.88
40	42.78	42.80	42.86	42.91	42.96	43.01	43.06	43.10
30	32.09	32.10	32.15	32.18	32.22	32.25	32.29	32.33
20	21.39	21.40	21.43	21.45	21.48	21.50	21.53	21.55
10	10.69	10.70	10.71	10.72	10.74	10.75	10.76	10.77
9	9.62	9.63	9.64	9.65	9.66	9.67	9.68	9.69
8	8.55	8.56	8.57	8.58	8.59	8.60	8.61	8.62
7	7.48	7.49	7.50	7.51	7.51	7.52	7.53	7.54
6	6.41	6.42	6.43	6.43	6.44	6.45	6.45	6.46
5	5.34	5.35	5.35	5.36	5.37	5.37	5.38	5.38
4	4.27	4.28	4.28	4.29	4.29	4.30	4.30	4.31
3	3.20	3.21	3.21	3.21	3.22	3.22	3.22	3.23
2	2.13	2.14	2.14	2.14	2.14	2.15	2.15	2.15
1	1.06	1.07	1.07	1.07	1.07	1.07	1.07	1.07
1/2	0.53	0.53	0.53	0.53	0.53	0.53	0.53	0.53

Poids	à 54°	à 54° 1/2	à 55°	à 55° 1/2	à 56°	à 56° 1/2	à 57°	à 57° 1/2
kilog.	L. C.	L. C.	L. C.	L. C.	L. C.	L. C.	L. C.	L. C.
1000	1078.86	1080.08	1081.30	1082.47	1083.65	1084.88	1086.12	1087.42
900	970.92	972. »	973 17	974.16	975.24	976.32	977.49	978.66
800	863.04	864. »	865.04	865.92	866.88	867.84	868.88	869.92
700	755.16	756. »	756.91	757.68	758.52	759.36	760.27	761.18
600	647.28	648. »	648.78	649.44	650.16	650.88	651.66	652.14
500	539.40	540. »	540.65	541.20	541.80	542.40	543.05	543.70
400	431.52	432. »	432.52	432.96	433.44	433.92	434.44	434.96
300	323.64	324. »	324.39	324.72	325.08	325.44	325.83	326.22
200	215.76	216. »	216.26	216.48	216.72	216.96	217.22	217.48
100	107.88	108. »	108.13	108.24	108.36	108.48	108.61	108.74
90	97.09	97.20	97.31	97.41	97.51	97.63	97.74	97.86
80	86.30	86.40	86.50	86.59	86.68	86.78	86.88	86.99
70	75.51	75.60	75.69	75.76	75.85	75.93	76.02	76.11
60	64.72	64.80	64.87	64.94	65.01	65.08	65.16	65.24
50	53.94	54. »	54.06	54.12	54.18	54.24	54.30	54.37
40	43.15	43.20	43.25	43.29	43.34	43.39	43.44	43.49
30	32.36	32.40	32.43	32.47	32.50	32.54	32.58	32.62
20	21.57	21.60	21.62	21.64	21.67	21.69	21.72	21.74
10	10.78	10.80	10.81	10.82	10.83	10.84	10.86	10.87
9	9.70	9.72	9.73	9.74	9.75	9.76	9.77	9.78
8	8.63	8.64	8.65	8.65	8.66	8.67	8.68	8.69
7	7.55	7.56	7.56	7.57	7.58	7.59	7.60	7.61
6	6.47	6.48	6.48	6.49	6.50	6.50	6.51	6.52
5	5.39	5.40	5.40	5.41	5.41	5.42	5.43	5.43
4	4.31	4.32	4.32	4.32	4.33	4.33	4.34	4.34
3	3.23	3.24	3.24	3.24	3.25	3.25	3.25	3.26
2	2.15	2.16	2.16	2.16	2.16	2.16	2.17	2.17
1	1.07	1.08	1.08	1.08	1.08	1.08	1.08	1.08
1/2	0.53	0.54	0.54	0.54	0.54	0.54	0.54	0.54

Poids	à 58°	à 58° 1/2	à 59°	à 59° 1/2	à 60°	à 60° 1/2	à 61°	à 61° 1/2
kilog.	L. C.	L. C.	L. C.	L. C.	L. C.	L. C.	L. C.	L. C.
1000	1088.73	1090.03	1091.34	1092.65	1093.97	1095.35	1096.73	1098.11
900	979.83	981. »	982.17	983.34	984.51	985.77	987.03	988.29
800	870.96	872. »	873.04	874.08	875.12	876.24	877.36	878.48
700	762.09	763. »	763.91	764.82	765.73	766.71	767.69	768.67
600	653.22	654. »	654.78	655.56	656.34	657.18	658.02	658.86
500	544.35	545. »	545.65	546.30	546.95	547.65	548.35	549.05
400	435.48	436. »	436.52	437.04	437.56	438.12	438.68	439.24
300	326.61	327. »	327.39	327.78	328.17	328.59	329.01	329.43
200	217.74	218. »	218.26	218.52	218.78	219.05	219.34	219.62
100	108.87	109. »	109.13	109.26	109.39	109.53	109.67	109.81
90	97.98	98.10	98.21	98.33	98.45	98.57	98.70	98.82
80	87.09	87.20	87.30	87.40	87.51	87.62	87.73	87.84
70	76.20	76.30	76.39	76.48	76.57	76.67	76.76	76.86
60	65.32	65.40	65.47	65.55	65.63	65.71	65.80	65.88
50	54.43	54.50	54.56	54.63	54.69	54.76	54.83	54.90
40	43.54	43.60	43.65	43.70	43.75	43.81	43.86	43.92
30	32.66	32.70	32.73	32.77	32.81	32.85	32.90	32.94
20	21.77	21.80	21.82	21.85	21.87	21.90	21.93	21.96
10	10.88	10.90	10.91	10.92	10.93	10.95	10.96	10.98
9	9.79	9.81	9.82	9.83	9.84	9.85	9.87	9.88
8	8.70	8.72	8.73	8.74	8.75	8.76	8.77	8.78
7	7.62	7.63	7.63	7.64	7.65	7.66	7.67	7.68
6	6.53	6.54	6.54	6.55	6.56	6.57	6.58	6.58
5	5.44	5.45	5.45	5.46	5.46	5.47	5.48	5.49
4	4.35	4.36	4.36	4.37	4.37	4.38	4.38	4.39
3	3.26	3.27	3.27	3.27	3.28	3.28	3.29	3.29
2	2.17	2.18	2.18	2.18	2.18	2.19	2.19	2.19
1	1.08	1.09	1.09	1.09	1.09	1.09	1.09	1.09
1/2	0.54	0.54	0.54	0.54	0.54	0.54	0.54	0.54

Poids	à 62°	à 62° 1/2	à 63°	à 63° 1/2	à 64°	à 64° 1/2	à 65°	à 65° 1/2
kilog.	L. C.	L. C.	L. C.	L. C.	L. C.	L. C.	L. C.	L. C.
1000	1099.50	1100.34	1101.19	1103.14	1105.09	1106.50	1107.91	1109.32
900	989.55	990.27	990.99	992.79	994.50	995.85	997.11	998.37
800	879.60	880.24	880.88	882.48	884. »	885.20	886.32	887.44
700	769.65	771.21	771.77	773.17	774.50	774.55	775.53	776.51
600	659.70	660.18	660.66	661.86	663. »	663.90	664.74	665.58
500	549.75	550.15	550.55	551.55	552.50	553.25	553.95	554.65
400	439.80	440.12	440.44	441.24	442. »	442.60	443.16	443.72
300	329.85	330.09	330.33	330.93	331.50	331.95	332.37	332.79
200	219.90	220.06	220.22	220.62	221. »	221.30	221.58	221.86
100	109.95	110.03	110.11	110.31	110.50	110.65	110.79	110.93
90	98.95	99.02	99.09	99.27	99.45	99.58	99.71	99.83
80	87.96	88.02	88.08	88.24	88.40	88.52	88.63	88.74
70	76.96	77.12	77.17	77.31	77.45	77.45	77.55	77.65
60	65.97	66.01	66.06	66.18	66.30	66.39	66.47	66.55
50	54.97	55.01	55.05	55.15	55.25	55.32	55.39	55.46
40	43.98	44.01	44.04	44.12	44.20	44.26	44.31	44.37
30	32.98	33. »	33.03	33.09	33.15	33.19	33.23	33.27
20	21.99	22. »	22.02	22.06	22.10	22.13	22.15	22.18
10	10.99	11. »	11.01	11.03	11.05	11.06	11.07	11.09
9	9.89	9.90	9.90	9.92	9.94	9.95	9.97	9.98
8	8.79	8.80	8.80	8.82	8.84	8.85	8.86	8.87
7	7.69	7.70	7.70	7.73	7.74	7.74	7.75	7.76
6	6.59	6.60	6.60	6.61	6.63	6.63	6.64	6.65
5	5.49	5.50	5.50	5.51	5.52	5.53	5.53	5.54
4	4.39	4.40	4.40	4.41	4.42	4.42	4.43	4.43
3	3.29	3.30	3.30	3.30	3.31	3.31	3.32	3.32
2	2.19	2.20	2.20	2.20	2.21	2.21	2.21	2.21
1	1.09	1.10	1.10	1.10	1.10	1.10	1.10	1.10
1/2	0.54	0.55	0.55	0.55	0.55	0.55	0.55	0.55

Poids	à 66°	à 66° 1/2	à 67°	à 67° 1/2	à 68°	à 68° 1/2	à 69°	à 69° 1/2
kilog.	L. C.	L. C.	L. C.	L. C.	L. C.	L. C.	L. C.	L. C.
1000	1110.74	1112.16	1113.58	1115.07	1116.56	1118. »	1119.57	1121.07
900	999.63	1000.89	1002.15	1003.50	1004.85	1006.20	1007.55	1008.90
800	888.56	889.68	890.80	892. »	893.20	894.40	895.60	896.80
700	777.40	778.47	779.45	780.50	781.55	782 60	783.65	784.70
600	666.42	667.26	668.10	669. »	669.90	670.80	671.70	672.60
500	555.35	556.05	556.75	557.50	558.25	559. »	559.75	560.50
400	444.28	444.84	445.40	446. »	446.60	447.20	447.80	448.40
300	333.21	333.63	334.05	334.50	334.95	335.40	335.85	336.30
200	222.14	222.42	222.70	223. »	223.30	223.60	223.90	224.20
100	111.07	111.21	111.35	111.50	111.65	111.80	111.95	112.10
90	99.96	100.08	100.21	100.35	100.48	100.62	100.75	100.89
80	88.85	88.96	89.08	89.20	89.32	89.44	89.56	89.68
70	77.74	77.84	77.94	78.05	78.15	78.26	78.36	78.47
60	66.64	66.72	66.81	66.90	66.99	67.08	67.17	67.26
50	55.53	55.60	55.67	55.75	55.82	55.90	55.97	56.05
40	44.42	44.48	44.54	44.60	44.66	44.72	44.78	44.84
30	33.32	33.36	33.40	33.45	33.49	33.34	33.58	33.63
20	22.21	22.24	22.27	22.30	22.33	22.36	22.39	22.42
10	11.10	11.12	11.13	11.15	11.16	11.18	11.19	11.21
9	9.99	10.00	10.02	10.03	10.04	10.06	10.07	10.08
8	8.88	8.89	8.90	8.92	8.93	8.94	8.95	8.96
7	7.77	7.78	7.79	7.80	7.81	7.82	7.83	7.84
6	6.66	6.67	6.68	6.69	6.69	6.70	6.71	6.72
5	5.55	5.56	5.56	5.57	5.58	5.59	5.59	5.60
4	4.44	4.44	4.45	4.46	4.46	4.47	4.47	4.48
3	3.33	3.33	3.34	3.34	3.34	3.35	3.35	3.36
2	2.22	2.22	2 22	2.23	2.23	2.23	2.23	2.24
1	1.11	1.11	1.11	1.11	1.11	1.11	1.11	1.12
1/2	0.55	0.55	0.55	0.55	0.55	0.55	0.55	0.56

Poids	à 70°	à 70° 1/2	à 71°	à 71° 1/2	à 72°	à 72° 1/2	à 73°	à 73° 1/2
kilog.	L. C.	L. C.	L. C.	L. C.	L. C.	L. C.	L. C.	L. C
1000	1122.58	1124.16	1125.74	1127.33	1128.92	1130.51	1132.24	1133.91
900	1010.25	1011.69	1013.13	1014.57	1016.01	1017.45	1018.98	1020.51
800	898. »	899.28	900.56	901.84	903.12	904.40	905.76	907.12
700	785.75	786.87	787.99	789.11	790.23	791.35	792.54	793.73
600	673.50	674.46	675.42	676.38	677.34	678.30	679.32	680.34
500	561.25	562.05	562.85	563.65	564.45	565.25	566.10	566.95
400	449. »	449.64	450.28	450.92	451.56	452.20	452.88	453.56
300	336.75	337.23	327.71	338.19	338.67	339.15	339.66	340.17
200	224.50	224.82	225.14	225.46	225.78	226.10	226.44	226.78
100	112.25	112.41	112.57	112.73	112.89	113.05	113.22	113.39
90	101.02	101.16	101.31	101.45	101.60	101.74	101.89	102.05
80	89.80	89.92	90.05	90.18	90.31	90.44	90.57	90.71
70	78.57	78.68	78.79	78.91	79.02	79.13	79.25	79.37
60	67.35	67.44	67.54	67.63	67.73	67.83	67.93	68.03
50	56.12	56.20	56.28	56.36	56.44	56.52	56.61	56.69
40	44.90	44.96	45.02	45.09	45.15	45.22	45.28	45.35
30	33.67	33.72	33.77	33.81	33.86	33.91	33.96	34.01
20	22.45	22.48	22.51	22.54	22.57	22.61	22.64	22.67
10	11.22	11.24	11.25	11.27	11.28	11.30	11.32	11.33
9	10.10	10.11	10.13	10.14	10.16	10.17	10.18	10.20
8	8.98	8.99	9. »	9.01	9.03	9.04	9.05	9.07
7	7.85	7.86	7.87	7.89	7.90	7.91	7.92	7.93
6	6.73	6.74	6.75	6.76	6.77	6.78	6.79	6.80
5	5.61	5.62	5.62	5.63	5.64	5.65	5.66	5.66
4	4.49	4.49	4.50	4.50	4.51	4.52	4.52	4.53
3	3.36	3.37	3.37	3.38	3.38	3.39	3.39	3.40
2	2.24	2.24	2.25	2.25	2.25	2.26	2.26	2.26
1	1.12	1.12	1.12	1.12	1.12	1.13	1.13	1.13
1/2	0.56	0.56	0.56	0.56	0.56	0.56	0.56	0.56

Poids	à 74°	à 74° 1/2	à 75°	à 75° 1/2	à 76°	à 76° 1/2	à 77°	à 77° 1/2
kilog.	L. C.	L. C.	L. C.	L. C.	L. C.	L. C.	L. C.	L C.
1000	1135.58	1137.26	1138.95	1140.70	1142.46	1144.23	1146. »	1147.77
900	1021.95	1023.48	1025.01	1026.63	1028.16	1029.78	1031.40	1032.93
800	908.40	909.76	911.12	912.56	913.92	915.36	916.80	918.16
700	794.85	796.04	797.23	798.49	799.68	800.94	802.20	803.39
600	681.30	682.32	683.34	684.42	685.44	686.52	687.60	688.66
500	567.75	568.60	569.45	570.35	571.20	572.10	573. »	573.85
400	454.20	454.88	455.56	456.28	456.96	457.68	458.40	459.08
300	340.65	341.16	341.67	342.21	342.72	343.26	343.80	344.31
200	227.10	227.44	227.78	228.14	228.48	228.84	229.20	229.54
100	113.55	113.72	113.89	114.07	114.24	114.42	114.60	114.77
90	102.19	102.34	102.50	102.66	102.81	102.97	103 14	103.29
80	90.84	90.97	91.11	91.25	91.39	91.53	91.68	91.81
70	79.48	79.60	79.72	79.84	79.96	80.09	80.22	80.33
60	68.13	68.23	68.33	68.44	68.54	68.65	68.76	68.86
50	56.77	56.86	56.94	57.03	57.12	57.21	57.30	57.38
40	45.42	45.48	45.55	45.62	45.69	45.76	45.84	45.90
30	34.06	34.11	34.16	34.22	34.27	34.32	34.38	34.43
20	22.71	22.74	22.77	22.81	22.84	22.88	22.92	22.95
10	11.35	11.37	11.38	11.40	11.42	11.44	11.46	11.47
9	10.21	10.23	10.25	10.26	10.28	10.29	10.31	10.32
8	9.08	9.09	9.11	9.12	9.13	9.15	9.16	9.18
7	7.94	7.96	7.97	7.98	7.99	8.00	8.02	8.03
6	6.81	6.82	6.83	6.84	6.85	6.86	6.87	6.88
5	5.67	5.68	5.69	5.70	5.71	5.72	5.73	5.73
4	4.54	4.54	4.55	4.56	4.56	4.57	4.58	4.59
3	3.40	3.41	3.41	3.42	3.42	3.43	3.43	3.44
2	2.27	2.27	2.27	2.28	2.28	2.28	2.29	2.29
1	1.13	1.13	1.13	1.14	1.14	1.14	1.14	1.14
1/2	0.56	0.56	0.56	0.57	0.57	0.57	0.57	0.57

Poids	à 78°	à 78° 1/2	à 79°	à 79° 1/2	à 80°	à 80° 1/2	à 81°	à 81° 1/2
kilog.	L. C.	L. C.	L. C.	L. C.	L. C.	L. C.	L. C.	L. C.
1000	1149.55	1151.34	1153.13	1155. »	1156.87	1158.75	1160.63	1162.52
900	1034.55	1036.17	1037.79	1039.50	1041 12	1042.83	1044.54	1046.25
800	919.60	921.04	922.48	924. »	925.44	926.96	928.48	930. »
700	804.65	805.91	807.17	808 50	809.76	811.09	812.42	813.75
600	689.70	690.78	691.86	693. »	694.08	695.22	696.36	697.50
500	574.75	575.65	576.55	577.50	578.40	579.35	580.30	581.25
400	459.80	460.52	461.24	462. »	462.72	463.48	464.24	465. »
300	344.85	345.39	345.93	346.50	347.04	347.61	348.18	348.75
200	229.90	230.26	230.62	231. »	231.36	231.74	232.12	232.50
100	114.95	115.13	115.31	115.50	115.68	115.87	116.06	116.25
90	103.45	103.61	103.77	103.95	104.11	104.28	104.45	104.62
80	91.96	92.10	92.24	92.40	92.54	92.69	92.84	93. »
70	80.46	80.59	80.71	80.85	80.97	81.10	81.24	81.37
60	68.97	69.07	69.18	69.30	69.40	69.52	69.63	69.75
50	57.47	57.56	57.65	57.75	57.84	57.93	58.03	58.12
40	45.98	46.05	46.12	46.20	46.27	46.34	46.42	46.50
30	34.48	34.53	34.59	34.65	34.70	34.76	34.81	34.87
20	22.99	23.02	23.06	23.10	23.13	23.17	23.21	23.25
10	11.49	11.51	11.53	11.55	11.56	11.58	11.60	11.62
9	10.34	10.36	10.37	10.39	10.41	10.42	10.44	10.46
8	9.19	9.21	9.22	9.24	9.25	9.26	9.28	9.30
7	8.04	8.05	8.07	8.08	8.09	8.11	8.12	8.13
6	6.89	6.90	6.91	6.93	6.94	6.95	6.96	6.97
5	5.74	5.75	5.76	5.77	5.78	5.79	5.80	5.81
4	4.59	4.60	4.61	4.62	4.62	4.63	4.64	4.65
3	3.44	3.45	3.45	3.46	3.47	3.47	3.48	3.48
2	2.29	2.30	2.30	2.31	2.31	2.31	2.32	2.32
1	1.14	1.15	1.15	1.15	1.15	1.15	1.16	1.16
1/2	0.57	0.57	0.57	0.57	0.57	0.57	0.58	0.58

Poids	à 82°	à 82° 1/2	à 83°	à 83° 1/2	à 84°	à 84° 1/2	à 85°	à 85° 1/2
kilog.	L. C.	L. C.	L. C.	L. C.	L. C.	L. C.	L. C.	L. C.
1000	1164.41	1166.38	1168.36	1170.34	1173.32	1174.32	1176.33	1179.31
900	1047.96	1049.67	1051.47	1053.27	1055.97	1056.87	1058.67	1061.37
800	931.52	933.04	934.64	936.24	938.64	939.44	941.04	943.44
700	815.08	816.41	817.81	819.21	821.31	822.01	823.41	825.51
600	698.64	699.78	700.98	702.18	703.98	704.58	705.78	707.58
500	582.20	583.15	584.15	585.15	586.65	587.15	588.15	589.65
400	465.76	466.52	467.32	468.12	469.32	469.72	470.52	471.72
300	349.32	349.89	350.49	351.09	351.99	352.29	352.89	353.79
200	232.88	233.26	233.66	234.06	234.66	234.86	235.26	235.86
100	116.44	116.63	116.83	117.03	117.33	117.43	117.63	117.93
90	104.79	104.96	105.14	105.32	105.59	105.68	105.86	106.13
80	93.15	93.30	93.46	93.62	93.86	93.94	94.10	94.34
70	81.50	81.64	81.78	81.92	82.13	82.20	82.34	82.55
60	69.86	69.97	70.09	70.21	70.39	70.45	70.57	70.75
50	58.22	58.31	58.41	58.51	58.66	58.71	58.81	58.96
40	46.57	46.65	46.73	46.81	46.93	46.97	47.05	47.17
30	34.93	34.98	35.04	35.10	35.19	35.22	35.28	35.37
20	23.28	23.32	23.36	23.40	23.46	23.48	23.52	23.58
10	11.64	11.66	11.68	11.70	11.73	11.74	11.76	11.79
9	10.47	10.49	10.51	10.53	10.55	10.56	10.58	10.61
8	9.31	9.33	9.34	9.36	9.38	9 39	9.41	9.43
7	8.15	8.16	8.17	8.19	8.21	8.22	8 23	8.25
6	6.98	6.99	7. »	7.02	7.03	7.04	7.05	7.07
5	5.82	5.83	5.84	5.85	5.86	5.87	5.88	5.89
4	4.65	4.66	4.67	4.68	4.69	4.69	4.70	4.71
3	3.49	3.49	3.50	3.51	3.51	3.52	3.52	3.53
2	2.32	2.33	2.33	2.34	2.34	2.34	2 35	2.35
1	1.16	1.16	1.16	1.17	1.17	1.17	1.17	1.17
1/2	0.58	0.58	0.58	0.58	0.58	0.58	0.58	0.58

Poids	à 86°	à 86° 1/2	à 87°	à 87° 1/2	à 88°	à 88° 1/2	à 89°	à 89° 1/2
kilog.	L. C.	L. C.	L. C.	L. C.	L. C.	L. C.	L. C.	L. C.
1000	1179.31	1182. »	1184.69	1187.87	1189.06	1191.68	1194.31	1196.24
900	1061.37	1063.80	1066.14	1069.02	1070.10	1072.44	1074.87	1076.58
800	943.44	945.60	947.68	950.24	951.20	953.28	955.44	956.96
700	825.51	827.40	829.22	831.46	832 30	834.12	836.01	837.34
600	707.58	709.20	710.76	712.68	713.40	714.96	716.58	717.72
500	589.65	591. »	592.30	593.90	594.50	595.80	597.15	598.10
400	471.72	472.80	473.84	475.12	475.60	476.64	477.72	478.48
300	353.79	354.60	355.38	356.34	356.70	357.48	358.29	358.86
200	235.86	236 40	236.92	237.56	237.80	238.32	238.86	239.24
100	117.93	118.20	118.46	118.78	118.90	119.16	119.43	119.62
90	106.13	106.38	106.61	106.90	107.01	107.24	107.48	107.65
80	94.34	94.56	94.76	95.02	95.12	95.32	95.54	95.69
70	82.55	82.74	82.92	83.14	83.23	83.41	83.60	83.73
60	70.75	70.92	71.07	71.26	71.34	71.49	71.65	71.77
50	58.96	59.10	59.23	59.39	59.45	59.58	59.71	59.81
40	47.17	47.28	47.38	47.51	47.56	47.66	47.77	47.84
30	35.37	35.46	35.53	35.63	35.67	35.74	35.82	35.88
20	23.58	23.64	23.69	23.75	23.78	23.83	23.88	23.92
10	11.79	11.82	11.84	11.87	11.89	11.91	11.94	11.96
9	10 61	10.63	10.66	10.69	10.70	10.72	10.74	10.76
8	9.43	9.45	9.47	9.50	9.51	9.53	9.55	9.56
7	8.25	8.27	8.20	8.31	8 32	8.34	8.36	8.37
6	7.07	7.09	7.10	7.12	7.13	7.14	7.16	7.17
5	5.89	5.91	5.92	5.93	5.94	5.95	5.97	5.98
4	4.71	4.72	4.73	4.75	4.75	4.76	4.77	4.78
3	3.53	3.54	3.55	3.56	3.56	3.57	3.58	3.58
2	2.35	2.36	2.36	2.37	2.37	2.38	2.38	2.39
1	1.17	1.18	1.18	1.18	1.18	1.19	1.19	1.19
1/2	0.58	0.59	0.59	0,59	0.59	0.59	0.59	0.59

Poids	à 90°	à 90° 1/2	à 91°	à 91° 1/2	à 92°	à 92° 1/2	à 93°	à 93° 1/2
kilog.	L. C.	L C.	L. C.	L. C.	L. C.	L. C.	L. C.	L. C.
1000	1198.17	1200.55	1202.93	1205.40	1207.87	1210.43	1213. »	1215.56
900	1078.29	1080.45	1082.61	1084.86	1087.02	1089.36	1091.70	1093.95
800	958.48	960.40	962.32	964.32	936.24	968.32	970.40	972.40
700	838.67	840.35	842.03	843.78	845.46	847.28	849.10	850.85
600	718.86	720.30	721.74	723.24	724.68	726.24	727.80	729.30
500	599.05	600.25	601.45	602.70	603.90	605.20	606.50	607.75
400	479.24	480.20	481.16	482.16	483.12	484.16	485.20	486.20
300	359.43	360.15	360.87	361.62	362.34	363.12	363.90	364.65
200	239.62	240.10	240.58	241.08	241.56	242.08	242.60	243.10
100	119.81	120.05	120.29	120.54	120.78	121.04	121.30	121.55
90	107.82	108.04	108.26	108.48	108.70	108.93	109.17	109.39
80	95.84	96.04	96.23	96.43	96.62	96.83	97.04	97.24
70	83.86	84.03	84.20	84.37	84.54	84.72	84.91	85.08
60	71.88	72.03	72.17	72.32	72.46	72.62	72.78	72.93
50	59.90	60.02	60.14	60.27	60.39	60.52	60.65	60.77
40	47.92	48.02	48.11	48.21	48.31	48.41	48.52	48.62
30	35.94	36.01	36.08	36.16	36.23	36.31	36.39	36.46
20	23.96	24.01	24.05	24.10	24.15	24.20	24.26	24.31
10	11.98	12. »	12.02	12.05	12.07	12.10	12.13	12.15
9	10.78	10.80	10.82	10.84	10.87	10.89	10.91	10.93
8	9.58	9.60	9.62	9.64	9.66	9.68	9.70	9.72
7	8.38	8.40	8.42	8.43	8.45	8.47	8.49	8.50
6	7.18	7.20	7.21	7.23	7.24	7.26	7.27	7.29
5	5.99	6. »	6.01	6.02	6.03	6.05	6.06	6.07
4	4.79	4.80	4.81	4.82	4.83	4.84	4.85	4.86
3	3.59	3.60	3.60	3.61	3.62	3.63	3.63	3.64
2	2.39	2.40	2.40	2.41	2.41	2.42	2.42	2.43
1	1.19	1.20	1.20	1.20	1.20	1.21	1.21	1.21
1/2	0.59	0.60	0.60	0.60	0.60	0.60	0.60	0.60

Poids	à 94°	à 94° 1/2	à 95°	à 95° 1/2	à 96°	à 96° 1/2	à 97°	à 97° 1/2
kilog.	L. C.	L. C.	L. C.	L. C.	L. C.	L. C.	L. C.	L. C
1000	1218.47	1221.35	1224.14	1227.07	1230.01	1233.12	1236.24	1239.66
900	1096.56	1099.17	1101.69	1104.30	1107. »	1109.79	1112.58	1115.64
800	974.72	977.04	979.28	981.60	984. »	986.48	988.96	991.68
700	852.88	854.91	856.87	858.90	861. »	863.17	865.34	867.72
600	731.04	732.78	734.46	736.20	738. »	739.86	741.72	743.76
500	609.20	610.65	612.05	613.50	615. »	616.55	618.10	619.80
400	487.36	488.52	489.64	490.80	492. »	493.24	494.48	495.84
300	365.52	366.39	367.23	368.10	369. »	369.93	370.86	371.88
200	243.68	244.26	244.82	245.40	246. »	246.62	247.24	247.92
100	121.84	122.13	122.41	122.70	123. »	123.31	123.62	123.96
90	109.65	109.91	110.16	110.43	110.70	110.97	111.25	111.56
80	97.47	97.70	97.92	98.16	98.40	98.64	98.89	99.16
70	85.28	85.49	85.68	85.89	86.10	86.31	86.53	86.77
60	73.10	73.27	73.44	73.62	73.80	73 98	74.17	74.37
50	60.92	61.06	61.20	61.35	61.50	61.65	61.81	61.98
40	48.73	48.85	48.96	49.08	49.20	49.32	49.44	49.58
30	36.55	36.63	36.72	36.81	36.90	36.99	37.08	37.18
20	24.36	24.42	24.48	24.54	24.60	24.66	24.72	24.79
10	12.18	12.21	12.24	12.27	12.30	12.33	12.36	12.39
9	10.96	10.99	11.01	11.04	11.07	11.09	11.12	11.15
8	9.74	9.77	9.79	9.81	9.84	9.86	9.88	9.91
7	8.52	8.54	8.56	8.58	8.61	8.63	8.65	8.67
6	7.31	7.32	7.34	7.36	7.38	7.39	7.41	7.43
5	6.09	6.10	6.12	6.13	6.15	6.16	6.18	6.19
4	4.87	4.88	4.89	4.90	4.92	4.93	4.94	4.95
3	3.65	3.66	3.67	3.68	3.69	3.69	3.70	3.71
2	2.43	2.44	2.44	2.45	2.46	2.46	2.47	2.47
1	1.21	1.22	1.22	1.22	1.23	1.23	1.23	1.23
1/2	0.60	0.61	0.61	0.61	0.61	0.61	0.61	0,61

Poids	à 98°	à 98° 1/	à 99°	à 99° 1/2	à 100°
kilog.	L. C.	L. C.	L. C.	L. C.	L. C.
1000	1243. »	1246.65	1250.31	1254.32	1258.33
900	1118.70	1121.98	1125.27	1128.88	1132.49
800	994.40	997.32	1000.24	1003.45	1006.66
700	870.10	872.65	875.21	878.02	880.83
600	745.80	747.99	750.18	752.59	754.99
500	621.50	623.32	625.15	627.16	629.16
400	497.20	498.66	500.12	501.72	503.33
300	372.90	373.99	375.09	376.29	377.49
200	248.60	249.33	250.06	250.86	251.66
100	124.30	124.66	125.03	125.43	125.83
90	111.87	112.19	112.52	112.88	113.24
80	99.44	99.73	100.02	100.34	100.66
70	87.01	87.26	87.52	87.80	88.08
60	74.58	74.79	75.01	75.25	75.49
50	62.15	62.33	62.51	62.71	62.91
40	49.72	49.86	50.01	50.17	50.33
30	37.29	37.39	37.50	37.62	37.74
20	24.86	24.93	25.06	25.08	25.16
10	12.43	12.46	12.50	12.54	12.58
9	11.18	11.21	11.25	11.28	11.32
8	9.94	9.97	10. »	10.03	10.06
7	8.70	8.72	8.75	8.78	8.80
6	7.45	7.47	7.50	7.52	7.54
5	6.21	6.23	6.25	6.27	6.29
4	4.97	4.98	5. »	5.01	5.03
3	3.72	3.73	3.75	3.76	3.77
2	2.48	2.49	2.50	2.50	2.51
1	1.24	1.24	1.25	1.25	1.25
1/2	0.62	0.62	0.62	0.62	0.62

TABLES

DE

CORRECTION DU VOLUME

Température.	30°	35°	40°	45°	50°	55°	60°	65°	70°	75°	80°	85°	90°	95°	100°
0°	0.80	0.90	1.10	1.10	1.20	1.20	1.30	1.30	1.40	1.40	1.40	1.40	1.50	1.50	»
1	0.80	0.90	1.00	1.00	1.10	1.10	1.20	1.20	1.30	1.30	1.30	1.30	1.40	1.40	»
2	0.70	0.80	0.90	1.00	1.00	1.00	1.10	1.10	1.20	1.20	1.20	1.20	1.30	1.30	»
3	0.70	0.70	0.80	0.90	0.90	1.00	1.00	1.00	1.10	1.10	1.10	1.10	1.20	1.20	»
4	0.60	0.70	0.80	0.80	0.90	0.90	0.90	1.00	1.00	1.00	1.00	1.10	1.10	1.10	»
5	0.50	0.60	0.70	0.70	0.80	0.80	0.80	0.90	0.90	0.90	1.00	1.00	1.00	1.00	»
6	0.50	0.50	0.60	0.70	0.70	0.70	0.80	0.80	0.80	0.80	0.90	0.90	0.90	0.90	»
7	0.40	0.50	0.50	0.60	0.60	0.60	0.70	0.70	0.70	0.70	0.80	0.80	0.80	0.80	»
8	0.30	0.40	0.50	0.50	0.50	0.60	0.60	0.60	0.60	0.60	0.70	0.70	0.70	0.70	»
9	0.20	0.40	0.40	0.40	0.50	0.50	0.50	0.50	0.50	0.50	0.60	0.60	0.60	0.60	»
10	0.20	0.30	0.30	0.40	0.40	0.40	0.40	0.40	0.40	0.50	0.50	0.50	0.50	0.50	»
11	0.20	0.20	0.30	0.30	0.30	0.30	0.30	0.30	0.40	0.40	0.40	0.40	0.40	0.40	»
12	0.10	0.20	0.20	0.20	0.20	0.20	0.20	0.20	0.30	0.30	0.30	0.30	0.30	0.30	»
13	0.10	0.10	0.10	0.20	0.20	0.20	0.20	0.20	0.20	0.20	0.20	0.20	0.20	0.20	»
14	0.00	0.10	0.10	0.10	0.10	0.10	0.10	0.10	0.10	0.10	0.10	0.10	0.10	0.10	»
15	0.00	0.00	0.00	0.00	0.00	0.00	0.00	0.00	0.00	0.00	0.00	0.00	0.00	0.00	0.00
16	0.00	0.10	0.10	0.10	0.10	0.10	0.10	0.10	0.10	0.10	0.10	0.10	0.10	0.10	0.10
17	0.10	0.10	0.10	0.20	0.20	0.20	0.20	0.20	0.20	0.20	0.20	0.20	0.20	0.20	0.20
18	0.10	0.20	0.20	0.20	0.20	0.20	0.30	0.30	0.30	0.30	0.30	0.30	0.30	0.30	0.30
19	0.20	0.20	0.30	0.30	0.30	0.30	0.30	0.30	0.40	0.40	0.40	0.40	0.40	0.40	0.40
20	0.20	0.30	0.30	0.40	0.40	0.40	0.40	0.40	0.40	0.50	0.50	0.50	0.50	0.50	0.50
21	0.30	0.30	0.40	0.40	0.50	0.50	0.50	0.50	0.50	0.60	0.60	0.60	0.60	0.60	0.60
22	0.30	0.40	0.40	0.50	0.50	0.60	0.60	0.60	0.60	0.70	0.70	0.70	0.70	0.70	0.70
23	0.30	0.40	0.50	0.60	0.60	0.60	0.70	0.70	0.70	0.80	0.80	0.80	0.80	0.80	0.80
24	0.40	0.50	0.60	0.60	0.70	0.70	0.80	0.80	0.80	0.80	0.90	0.90	0.90	0.90	0.90
25	0.40	0.50	0.60	0.70	0.70	0.80	0.80	0.90	0.90	0.90	0.90	1.00	1.00	1.00	1.00
26	0.50	0.60	0.70	0.80	0.80	0.90	0.90	1.00	1.00	1.00	1.00	1.10	1.10	1.10	1.10
27	0.50	0.60	0.70	0.80	0.90	1.00	1.00	1.00	1.10	1.10	1.10	1.20	1.20	1.20	1.30
28	0.60	0.70	0.80	0.90	1.00	1.00	1.10	1.10	1.20	1.20	1.20	1.30	1.30	1.30	1.40
29	0.60	0.70	0.80	0.90	1.00	1.10	1.20	1.20	1.20	1.30	1.30	1.40	1.40	1.40	1.50
30	0.60	0.80	0.90	1.00	1.10	1.20	1.20	1.30	1.30	1.40	1.40	1.50	1.50	1.50	1.60

PUBLICATIONS VINICOLES ET VITICOLES[1]

EN VENTE

A LA LIBRAIRIE FERET ET FILS

15, COURS DE L'INTENDANCE, 15

EN PRÉPARATION : **L'Alcoographie,** *ou Méthode pour faire tous les calculs relatifs au mouillage des eaux-de-vie et au mélange des spiritueux, en tenant compte de la contraction, par le tracé de deux lignes droites.* 1 vol. in-18 accompagné d'un tableau pour faire les calculs.

Carte routière et vinicole du département de la **Gironde,** dressée par M. COUTAUT, agent-voyer, pour faire suite à *Bordeaux et ses Vins*. Une feuille grand-aigle imprimée en deux couleurs. Prix..fr. 5 »

La même, coloriée par contrées vinicoles................fr. 6 »

Carte routière de la Gironde, par le même. Une feuille grand-aigle....................fr. 2 50

Carte routière et vinicole du Médoc, dressée par M. Théophile MALVEZIN, pour accompagner l'ouvrage du même auteur intitulé: *Le Médoc et ses Vins.* 1 feuille colombier, gravée à Paris par REGNIER, et tirée en 3 couleurs....................fr. 4 »

Carte agricole de la Gironde dressée par M. Th. MALVEZIN, format grand-aigle.............fr. 6 » — *Cette carte a été publiée par la Société de Géographie commerciale de Bordeaux, et a obtenu une grande médaille à l'Exposition du Congrès des sciences géographiques (Paris, 1875).*

Carte du Médoc, 1 feuille 1/2 coquille coloriée..........fr. » 50

Bordeaux et ses Vins *classés par ordre de mérite,* par Ch. COCKS, 3e édition, entièrement refondue par Edouard FERET. 1 fort vol. in-18 jésus, orné de 250 vues de châteaux...............fr. 6 »

Le Médoc et ses Vins, guide vinicole et pittoresque de Bordeaux à Soulac, par Théophile MALVEZIN et Edouard FERET. Ouvrage orné de vignettes et d'une carte du Médoc..............fr. 2 50

Les Vins du siècle dans la Gironde, petite statistique des récoltes depuis 1800 jusqu'en 1877, par M.***. 1 vol. in-18.............fr. 1 »

Topographie des vignobles du Gers et de l'Armagnac, avec une carte œnologique et un essai de la synonymie des cépages cultivés dans le département du Gers, par M. SEILLAN. 1873. 1 vol. in-18. 2 50

Les Vins de Bordeaux, par le vicomte Paul DE CHASTEIGNIER. Préface par Ch. MONSELET; frontispice de Ch. DONZEL. 1 v. in-18... 2 »

Traité théorique et pratique du travail des vins, leurs propriétés, leur fabrication, leurs maladies; fabrication des vins mousseux, par E.-J. MAUMENÉ, 2e édit., 1873. 1 vol. grand in-8o avec 97 figures dans le texte...........fr. 12 »

Les Eaux-de-Vie de Cognac, les Vins des Charentes et de la Gironde, ou recueil de documents utiles aux négociants et aux propriétaires, par B. BÉRAULD. 1 vol. in-18....................fr. 2 50

Le Vin, par VERGNETTE-LAMOTTE. 1 vol. in-18 de 384 pages, avec 3 pl. en couleur et 29 gravures noires.................fr. 3 50

Sucrage des vendanges, à l'aide des sucres bruts blancs en grains ou la betterave canne du Nord pour la production du vin, par M. DUBRUNFAUT. 1 v. in-12.. 2 »

Traité pratique sur les vins, par MACHARD, 4e édit. 1 vol. in-18 de 359 pages...............fr. 3 50

---

(1) Tous ces ouvrages sont adressés *franco* par la poste, contre l'envoi du prix en timbres-poste ou mandat, et dix centimes par franc en sus pour l'affranchissement.

Art de faire le vin, par LADREY, 3e édit., 1871. 1 v. in-18. fr. 3 50

Etudes sur le vin, ses maladies, causes qui les provoquent, procédés nouveaux pour le conserver et le vieillir, par M. L. PASTEUR, membre de l'Institut. 1 beau vol. grand in-8o avec 32 planches imprimées en couleur et 25 gravures dans le texte ..... fr. 18 »

Calendrier des vins, ou instructions à exécuter mois par mois pour conserver, améliorer ou guérir les vins, par M. V.-F. LEBOEUF. 1 joli vol .... fr. 1 25

Manuel du Sommelier, ou la manière de soigner les vins, de prévenir leur altération et de les rétablir, par MM. A. et C.-E. JULIEN. 1 vol. avec fig... fr. 3 »

Manuel pratique des négociants en vins et spiritueux, des propriétaires, vignerons et tonneliers. 1 beau vol. contenant des conseils d'une utilité journalière pour toutes les altérations des vins, sur le coupage, sur les impôts nouveaux, sur les relations du commerce avec la Régie, etc. 1 vol. in-12 .... fr. 3 50

Le Régime des boissons. Commentaire des lois rendues depuis 1871. Tableau complet des droits, des contraventions et des pénalités; documents statistiques sur la production vinicole de la France, par V. EMION. 1 vol. in-12... fr. 5 »

Manuel du Marchand de vins, débitant de boissons et jaugeage, par LAUDIER. 1 vol. in-18, avec planches.............. fr. 3 50

Amélioration des liquides, tels que vins, vins mousseux, alcools, spiritueux, etc., comprenant les meilleures formules pour le coupage et l'imitation des vins de tous les crûs, par LEBOEUF. 1 vol. in-18................. fr. 3 »

Coloration artificielle des vins (sur la) et sur quelques moyens de la déceler, par P. CARLES, pharmacien à Bordeaux. In-8o, 2e édition .... fr. » 75

Falsification et maladies du vin, par J. BRUN. 1 v. in-18 jésus. 2 50

Chauffages des vins en vue de les conserver, les mater et les vieillir, par GIRET et VINAS, 2e édit. 1 vol. in-12 de 143 pages et fig.. fr. 1 25

Vins factices et boissons vineuses, par DUBIEF. 1 vol....... fr. 2 »

Tables indiquant la richesse en alcool des mélanges alcooliques, d'après les indications données par l'aréomètre et le thermomètre centigrades, par H. VON BAUMHAUER. 1 vol. in-18....... fr. 3 50

Manuel pratique de la culture de la vigne dans la Gironde, par Armand CAZENAVE. 1 beau vol. gr. in-8o, orné de 121 fig.. fr. 5 50

La Vigne dans le Bordelais, par Auguste PETIT-LAFITTE, professeur d'agriculture du département de la Gironde. 1 vol. grand in-8o de 690 pages orné de 75 gravures sur bois................ fr. 12 »

De la Culture des vignes, de la Vinification et des Vins dans le Médoc, par d'ARMAILHACQ, 3e éd. In-8o................ fr. 6 »

Culture de la vigne et Vinification, par le Dr Jules GUYOT, 2e édit. 1 vol. in-12 de 426 pages et 30 gravures................. fr. 3 50

La Vigne, par CARRIÈRE. 1 vol. in-18 de 396 pages et 121 grav.. fr. 3 50

Traité de Viticulture, par C. LADREY, professeur à la Faculté des Sciences de Dijon, 2e édit. entièrement augmentée. 1 vol. in-18 jésus de 634 pages ...... fr. 8 »

Manuel du Vigneron, par FLEURY-LACOSTE. 1 vol. de 144 pages avec figures .... fr. 2 »

Culture perfectionnée et moins coûteuse du vignoble, par M. DU BREUIL. 1 vol. in-18 illustré de 144 figures............. fr. 3 50

Vigne (CULTURE ET TRAITEMENT DE LA), ou guide du Vigneron et de l'Amateur de Treilles, indiquant, mois par mois, les travaux à faire dans le vignoble et sur les treilles des jardins; la manière de planter, gouverner et dresser la vigne d'après toutes les méthodes en usage en France, et de la guérir de ses maladies par les moyens reconnus les plus efficaces, par M. F.-V. LEBOEUF. 1 vol. orné de vignettes .... fr. 2 50

Hygiène de la vigne. Moyens de lui rendre la santé sans le secours d'aucun remède; taille raisonnée et soins à donner aux vins, par J. VIGNIAL, propriétaire, 2e édit. In-8o, orné de 4 planches. fr. 2 »

Bordeaux. — Imp. G. GOUNOUILHOU, rue Guiraude, 11.

201